わんこ四字熟語辞典

西川清史

飛鳥新社

はじめに

二〇二二年の春、果たしてこんな本、読者に受け入れられるのかしらん、といささか不安に思いつつ出版した『にゃんこ四字熟語辞典』。ところが、これが、思いもよらぬ大好評で、ほっと胸をなでおろしていると、「わんこの辞典は出さないの？」「次はわんこでしょ」「犬をないがしろにするなよ」などという**叱咤激励**《しったげきれい》の声が届き始めました。そうかあ、わんこ版も作らなきゃあいけないか……、と考え始めたものの、**躊躇逡巡**《ちゅうちょしゅんじゅん》し、**有**《う》**耶無耶**《やむや》な態度を通したのは、また**無量無数**《むりょうむすう》な量の写真を渉猟しなくてはならないのかと考えたから。一冊作るために目を通さなければならない写真の枚数は尋常なものではありません。面白い写真を選んだら、次はこれに合う四字熟語を探します。簡単には思いつきません。まるで**難行苦行**《なんぎょうくぎょう》、うんうん言いながら考えます。それだけではまだ半分しかでき上がりません。次は四字熟語を睨みながら、それにふさわしい写真を思い描きます。そして、そのイメージに近い写真を必死になって探します。**疲労困憊**《ひろうこんぱい》、目がかすんで見えなくなるまで探します。生みの苦しみ、というやつです。そんな**前途多難**《ぜんとたなん》を想像してひるんでいたのですが、しかし、全国で今か今かとわんこ版を待ち望んでいる読者のことを考えるとのんびりもしていられません。ここは**心機一転**《しんきいってん》、**辛労辛苦**《しんろうしんく》などものともせず、**緊褌一番**《きんこんいちばん》、**我武者羅**《がむしゃら》になって編み上げるしかありません。

そして出来上がったのがこの一冊。どうぞ、心ゆくまでお楽しみください。

西川清史

わんこ四字熟語辞典　索引

一蓮《いちれん》托生《たくしょう》

行動や運命《うんめい》を共にすること。

Brand X Pictures

破《は》顔《がん》一《いっ》笑《しょう》

顔をほころばせて
にっこり笑うこと。

Catherine Ledner

純真無垢《じゅんしんむく》

心にけがれなく、
清《きよ》らかなこと。

zhao hui

心機《しんき》一転《いってん》

あるきっかけで、すっかり
気持ちが良い方向に変わること。

Ruslan Stepanov

By Anna Rostova

頑迷《がんめい》固陋《ころう》

頑固《がんこ》で物の見方が狭く、道理《どうり》をわきまえないこと。

Dario Argenti

温和《おんわ》怜悧《れいり》

穏《おだ》やかで優《やさ》しく、賢《かしこ》いこと。

不平《ふへい》不満《ふまん》

気に入らないことがあって、
心が穏《おだ》やかでないこと。

Gandee Vasan

嫣然《えんぜん》一笑《いっしょう》

にこやかに笑うさま。

SensorSpot

余裕綽綽《よゆうしゃくしゃく》

落ち着き、
ゆったりとして
焦《あせ》らないこと。

Vincent Scherer / 500px

一家《いっか》団欒《だんらん》

家族《かぞく》が集《あつ》まって、
楽しいひと時を
すごすこと。

ULTRA.F

文明開化《ぶんめいかいか》

世の中が進歩《しんぽ》し、
便利《べんり》になること。

GK Hart/Vikki Hart

Geoff Griffiths / 500px

意気《いき》阻喪《そそう》

気力がくじけること。

珍味《ちんみ》佳肴《かこう》

めったに味《あじ》わえない
ごちそうのこと。

MATTHEW PALMER

Mica Ringo

失望落胆《しつぼうらくたん》

希望《きぼう》を失って、
がっかりすること。

豪放《ごうほう》磊落《らいらく》

心が大きく、
細《こま》かなことにこだわらないこと。

Phillip Chitwood Photography

品性《ひんせい》高潔《こうけつ》

人柄《ひとがら》や性格《せいかく》が
気高《けだか》く清《きよ》らかなこと。

anniepaddington

顔面蒼白《がんめんそうはく》

衝撃的《しょうげきてき》な体験《たいけん》をして、
顔から血の気が引くこと。

Carlos Monforte / 500px

清浄《せいじょう》無垢《むく》

清《きよ》らかで、心も体もけがれがないこと。

Anita Kot

天《てん》衣《い》無《む》縫《ほう》

人柄《ひとがら》に飾《かざ》り気がなく、
純真《じゅんしん》で無邪気《むじゃき》なこと。

I love Photo and Apple.

乳母《おんば》日傘《ひがさ》

幼児《ようじ》が大切に
育てられること。

Deanna Kelly

品行方正《ひんこうほうせい》

Peter Cade

行《おこ》ないが正しく、
きちんとしていること。

猪突猛進《ちょとつもうしん》

凄《すさ》まじい勢《いきお》いで、
向こうみずに進むこと。

andresr

Erik Von Weber

遺憾《いかん》千万《せんばん》

非常に残念《ざんねん》なこと。

Elizabeth Beard

倦怠疲労《けんたいひろう》

だるさと疲《つか》れのこと。

Sean Savery Photography

極楽《ごくらく》蜻蛉《とんぼ》

何も考えず、
のんきに毎日を送る人のこと。

危機《きき》一髪《いっぱつ》

非常に危険な状態《じょうたい》のたとえ。

Matthew C. Wright

周章狼狽《しゅうしょうろうばい》

すっかりあわてふためくこと。

Emery Way

舌先《したさき》三寸《さんずん》

心がこもっていない
口先《くちさき》だけのこと。またその言葉。

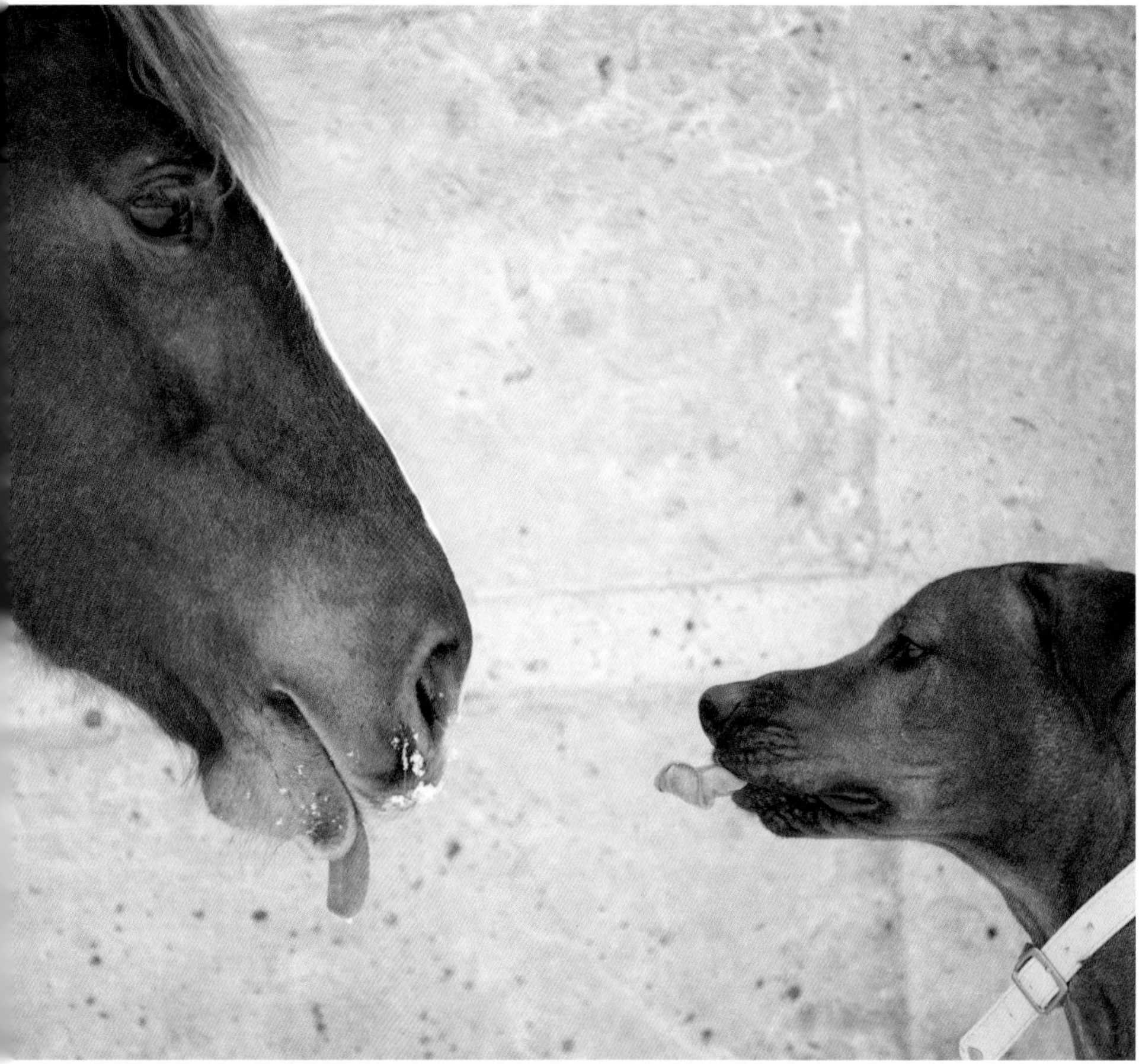

Photographs by Maria itina

有象《うぞう》無象《むぞう》

数は多いけれど、
取るに足らない
ろくでもない者どものこと。

Brett Davies - Photosightfaces

過当《かとう》競争《きょうそう》

適切《てきせつ》な程度《ていど》を超《こ》えた競《きそ》い合いのこと。

fhm

垂涎《すいぜん》三尺《さんじゃく》

食べたいと思って、
いっぱいよだれを流すこと。

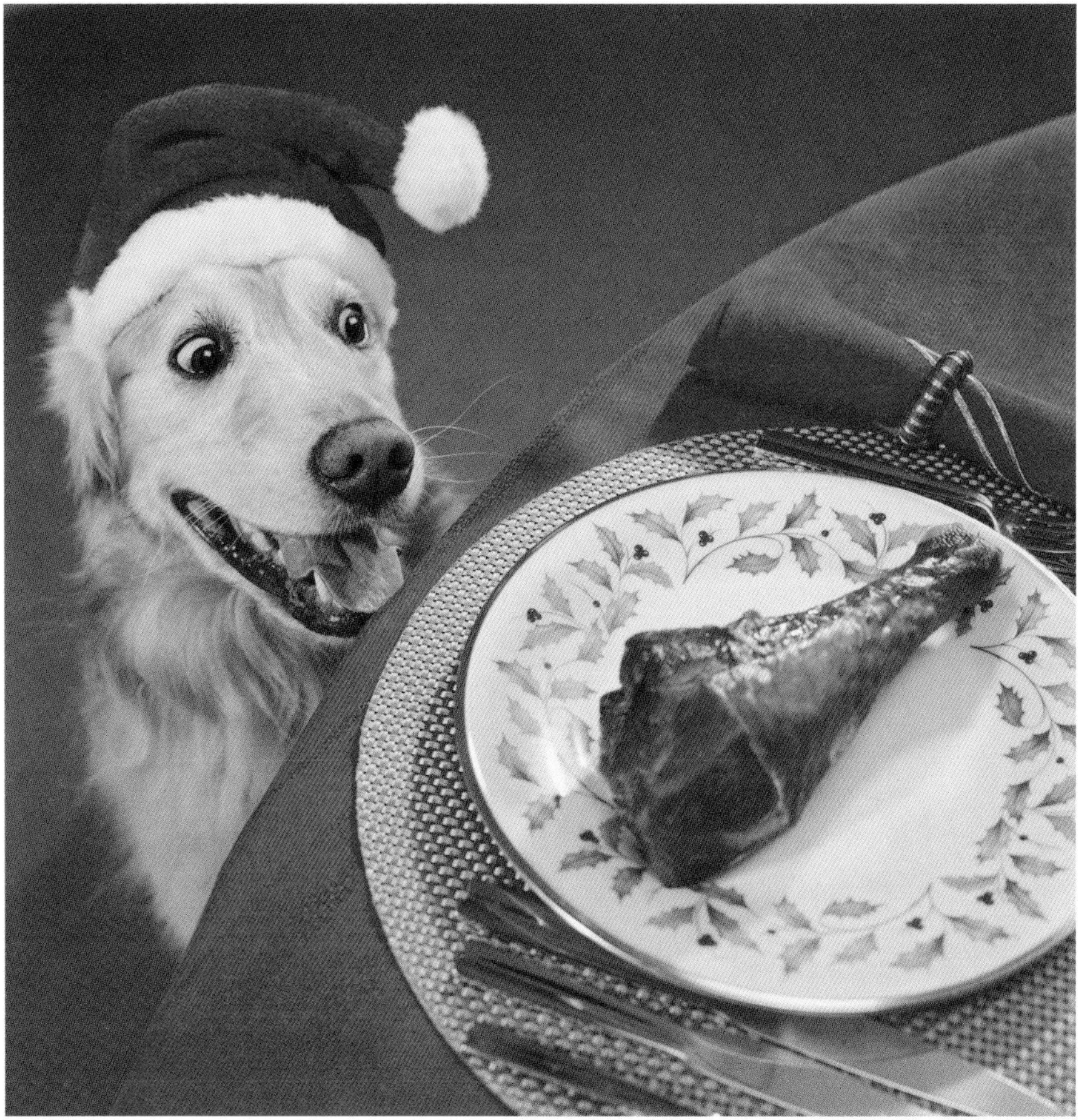

GK Hart/Vikki Hart

GK Hart/Vikki Hart, Hillary Kladke, Veena Nair, Chris Amaral, Jessica Lynn Culver, Olena Ruban, cjFCreatives, Anita Kot, Sharon Vos-Arnold, Elizabeth Behm, Steven McCoy

半醒《はんせい》半睡《はんすい》

半《なか》ば目覚め、
半《なか》ば眠ったような、
うつらうつらした状態のこと。

疲労《ひろう》困憊《こんぱい》

疲れ果てること。

mjrodafotografia

SolStock

知《ち》己《き》朋《ほう》友《ゆう》

互いのことを
よく理解《りかい》している友人。

容貌《ようぼう》魁偉《かいいい》

顔や姿がたくましく立派《りっぱ》なこと。

moodboard

Julia Christe

惰気《だき》満満《まんまん》

やる気がまったくないこと。

Brooke Anderson Photography

喜色《きしょく》満面《まんめん》

顔中に喜びが溢《あふ》れていること。

Henry Horenstein

有朋《ゆうほう》遠来《えんらい》

遠くに住む友人が訪ねて来ること。

Julia Christe

軽佻浮薄《けいちょうふはく》

軽《かる》はずみでうわついていること。

Catherine Ledner

暖《だん》衣《い》飽《ほう》食《しょく》

贅《ぜい》沢《たく》な暮《く》らしのこと。

Justin Paget

粗衣《そい》粗食《そしょく》

質素《しっそ》な生活のこと。

已《い》己《こ》巳《み》己《き》

互《たが》いに似《に》ていて、見分けがつかないこと。

Westend61

Alex Walker

善隣《ぜんりん》友好《ゆうこう》

隣国《りんごく》、隣人《りんじん》と仲良くすること。

Photo by Neil Davis

同床異夢《どうしょういむ》

一緒《いっしょ》にいながら、
別々のことを考えていること。

勇気《ゆうき》凛凛《りんりん》

Konstantin Trubavin / Aurora Photos

勇《いさ》ましい気力に溢《あふ》れていること。

香気《こうき》芬芬《ふんぷん》

dohlongma - HL Mak

辺《あた》り一面によい香りが漂《ただよ》うこと。

Lee Towndrow

一顧《いっこ》傾城《けいせい》

絶世《ぜっせい》の美女のこと。
ちらりと流し目をおくるだけで、
男たちが夢中《むちゅう》になり、
街が滅《ほろ》んでしまうという意味。

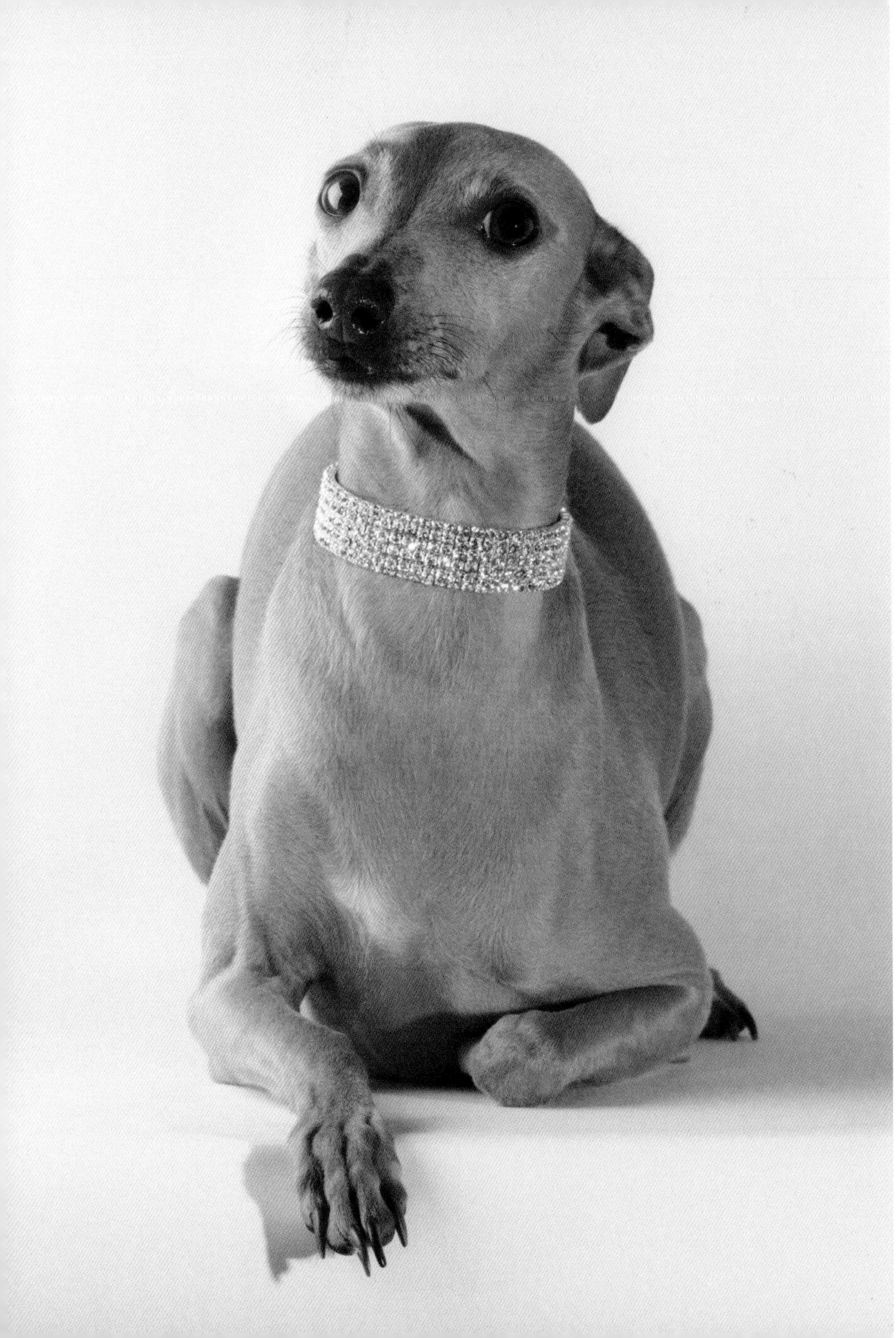

仙《せん》姿《し》玉《ぎょく》質《しつ》

並外《なみはず》れて美しい女性のこと。

JLPH

二束三文《にそくさんもん》

全く価値《かち》がないこと。

Mitch Kezar / Design Pics

自業《じごう》自得《じとく》

自分が行なったことの報《むく》いを
自ら受けること。

Studio 504

David Conniss

独立独歩《どくりつどっぽ》

他の力を借《か》りず、
自身の信じた道を進むこと。

alyfromuk2us

一致《いっち》団結《だんけつ》

目的を達成《たっせい》するために、
心を一つにして協力《きょうりょく》し合うこと。

自己《じこ》嫌悪《けんお》

自分のことが嫌《いや》になること。

cmannphoto

呵呵《かか》大笑《たいしょう》

大声を上げて、
豪快《ごうかい》に笑うこと。

Brighton Dog Photography

Fernando Trabanco Fotografia

陰陰《いんいん》滅滅《めつめつ》

気分が暗《くら》く沈《しず》むようす。

Robbie Goodall

明朗《めいろう》闊達《かったつ》

明るく朗《ほが》らかで、
細《こま》かいことを
気にしないこと。

孤影《こえい》悄然《しょうぜん》

ひとりぼっちで、しょんぼりしているようす。

Vyacheslav Argenberg

元気《げんき》潑剌《はつらつ》

活力《かつりょく》がみなぎって
生き生きしているようす。

Steve Dueck

悪戦《あくせん》苦闘《くとう》

困難《こんなん》な状況《じょうきょう》の中で、
苦しみもがき努力《どりょく》すること。

Alaska Photography

敵前《てきぜん》逃亡《とうぼう》

敵《てき》の前から逃《に》げ出すこと。

Catherine Falls Commercial

一刻《いっこく》千金《せんきん》

ひと時が、
大金に値《あたい》するほど
すばらしいこと。

Jagoda Matejczuk / 500px

眼光《がんこう》炯炯《けいけい》

眼つきが
するどいようす。

Dann Tardif

異体《いたい》同心《どうしん》

体は異《こと》なっていても、
心はひとつであること。

Roger Wright

Fabio Volpe

焦眉之急《しょうびのきゅう》

危難《きなん》が差し迫っていること。

Gandee Vasan

詐謀《さぼう》偽計《ぎけい》

相手をだまして罠《わな》にはめること。

絶体《ぜったい》絶命《ぜつめい》

追い詰《つ》められて、
どうにも逃《のが》れられない
極《きわ》まった状態《じょうたい》のこと。

beemore

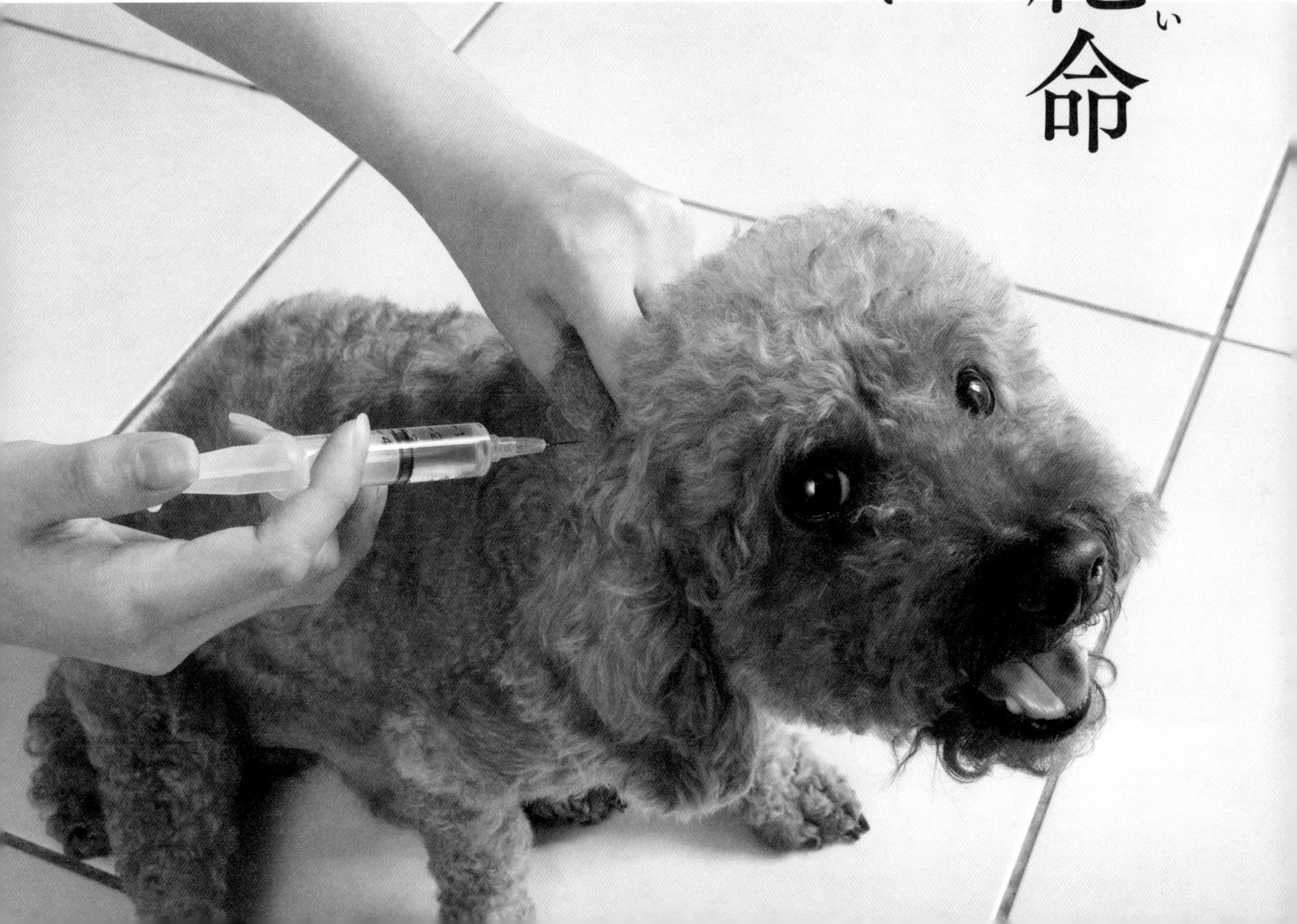

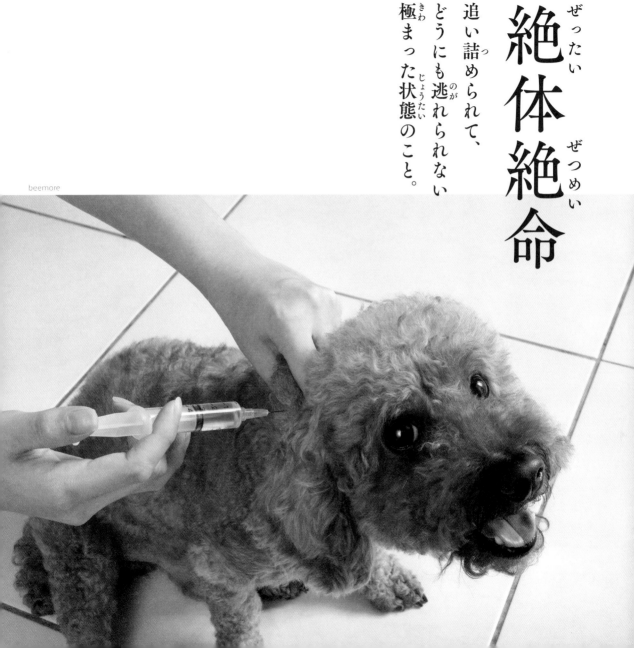

落花《らっか》狼藉《ろうぜき》

入り乱れて、
取り散《ち》らかっているようす。

PM Images

責任《せきにん》転嫁《てんか》

自分の責任《せきにん》を
他になすりつけること。

John Wright / 500px

一日《いちじつ》千秋《せんしゅう》

一日が千年にも
思われるほど、
非常《ひじょう》に待ち遠しい
ことのたとえ。

Barbara Brady-Smith

James Brokenshaw Photography

哀訴《あいそ》嘆願《たんがん》

心の底から願《ねが》い出ること。

五里《ごり》霧中《むちゅう》

あたり一面、霧《きり》で覆《おお》われたようになり、迷って方針や見込みなどの立たないこと。

Erin Lester

小心翼翼《しょうしんよくよく》

気が小さくて
ビクビクしていること。

Image Source

莫逆《ばくぎゃく》之《の》友《とも》

逆《さか》らうことのない、
非常に親しい友人のこと。

gollykim

隠《いん》忍《にん》自《じ》重《ちょう》

耐《た》え忍《しの》び、じっと我慢《がまん》すること。

Chris Amaral

脱兎之《だっとの》勢《いきおい》

ウサギが
逃げ出すような、
敏捷《びんしょう》な動きのこと。

buchsammy

Sandra Del Rio / 500px

強情《ごうじょう》我慢《がまん》

意地《いじ》っぱりで、
自分の考えを押し通すこと。

虎視《こし》眈眈《たんたん》

機会《きかい》を狙って
様子をうかがうこと。

Peter Cade

傲岸《ごうがん》不遜《ふそん》

Gandee Vasan

おごりたかぶって、謙虚《けんきょ》でないこと。

Rosemary Calvert

曖昧《あいまい》模糊《もこ》

物事《ものごと》がぼんやりして、はっきりしないこと。

Faba-Photograhpy

浅学《せんがく》菲才《ひさい》

学識《がくしき》が浅く、才知《さいち》も乏しいこと。
自分のことを
へりくだっていう言葉。

気息《きそく》奄奄《えんえん》

息も絶《た》え絶《だ》えで、今にも死にそうなさま。

Malcolm P Chapman

回光返照《かいこうへんしょう》

日が沈《しず》む前に
夕日の照《て》り返《かえ》しで
一瞬《いっしゅん》明るくなること。

Maya Karkalicheva

Steve Cicero

乱暴《らんぼう》狼藉《ろうぜき》

荒々《あらあら》しく振《ふ》る舞《ま》って、
人や物に危害《きがい》を加《くわ》えること。

MANOJ JAGANATH / 500px

眉目《びもく》温厚《おんこう》

顔つきが穏《おだ》やかで優《やさ》しげなこと。

Ian Waldie

烏合之衆《うごうのしゅう》

何の規律も秩序もなく
ただ集まっている集団。

GK Hart/Vikki Hart

用意《ようい》周到《しゅうとう》

準備《じゅんび》に手抜《てぬ》かりのないこと。

RenataAphotography

良妻賢母《りょうさいけんぼ》

良き妻であり、
賢《かしこ》い母であること。

犬馬之《けんばの》労《ろう》

主人や他人のために
出来る限りの
ことをすること。

Cavan Images / Brent Doscher

Tim Graham

井《せい》蛙《あ》之《の》見《けん》

「井の中の蛙《かわず》、大海《たいかい》を知らず」の意味で、見識《けんしき》が狭いこと。

酔眼《すいがん》朦朧《もうろう》

酒に酔《よ》って、目の焦点《しょうてん》が定まらず、物がよく見えないさま。

Mayu Suganuma

蒟蒻《こんにゃく》問答《もんどう》

まったくかみ合わない問答《もんどう》のこと。

Image Source

Robbie Goodall

充耳不聞《じゅうじふぶん》

耳を塞《ふさ》いで、
話を聞こうとしないこと。

山紫《さんし》水明《すいめい》

山水の景色《けしき》の
清らかで美しいようす。

温厚《おんこう》篤実《とくじつ》

穏《おだ》やかで優《やさ》しく、
誠実《せいじつ》なこと。

Image Source

奸佞《かんねい》邪知《じゃち》

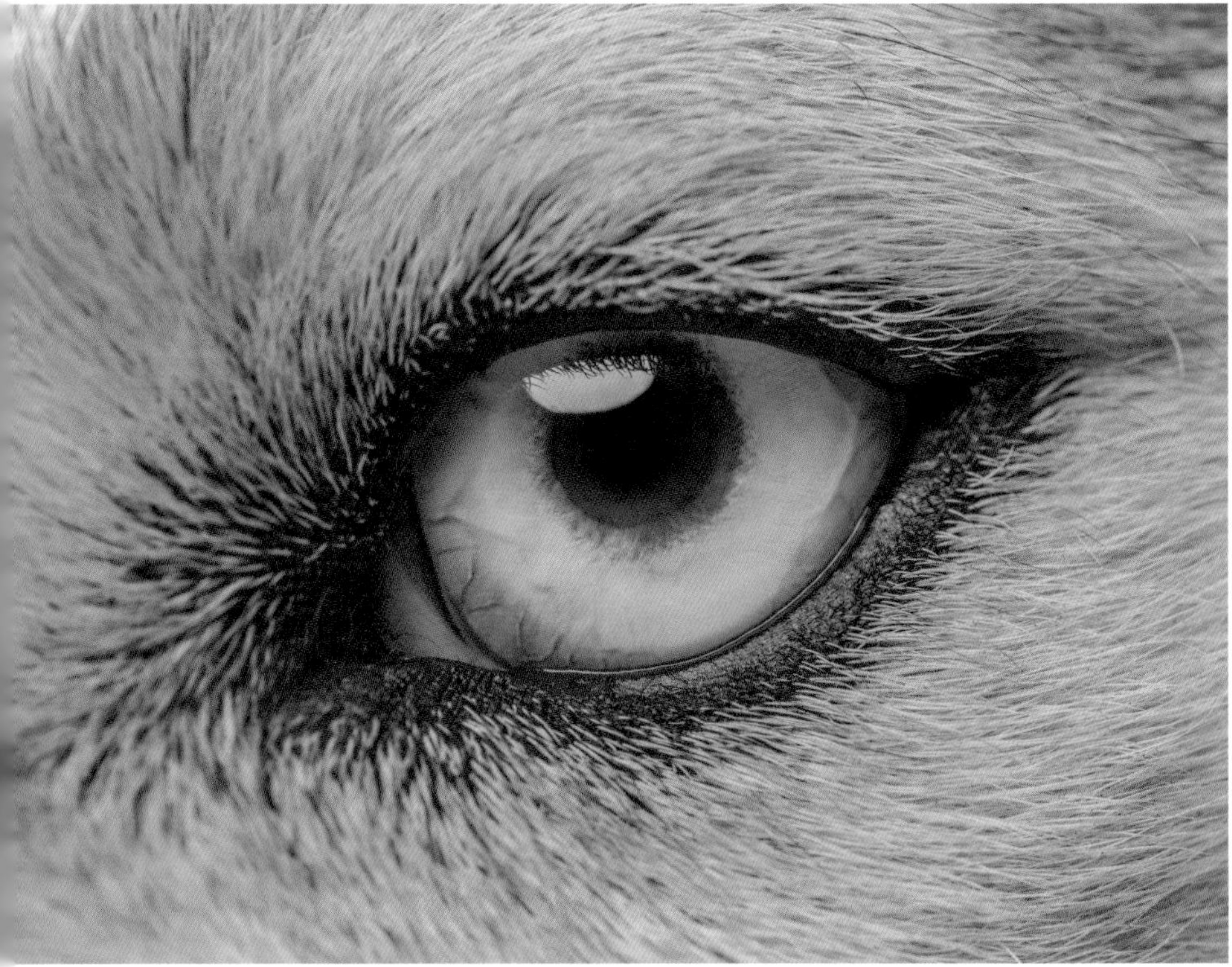

Vladimir Godnik

ずる賢《がしこ》くて、
悪知恵《わるぢえ》がはたらくこと。

無礼《ぶれい》千万《せんばん》

このうえなく失礼なこと。

Hillary Kladke

Compassionate Eye Foundation/David Leahy

十人十色《じゅうにんといろ》

みなそれぞれ好みや意見《いけん》が異《こと》なっているということ。

John Lund

一触《いっしょく》即発《そくはつ》

ちょっとしたきっかけで
大事《だいじ》が発生《はっせい》しそうな、
危険《きけん》な状態《じょうたい》のこと。

温順柔和《おんじゅんにゅうわ》

優《やさ》しく穏《おだ》やかで、素直《すなお》なこと。

Image Source

一騎《いっき》当千《とうせん》

一人で千人の敵を相手にすること。

MarcusR

LWA

叱《しっ》咤《た》怒《ど》号《ごう》

大声で叱《しか》りつけること。

Steven McCoy

吃驚仰天《きっきょうぎょうてん》

非常に驚《おどろ》くこと。

Jamie Garbutt

志操《しそう》堅固《けんご》

自分の志《こころざし》や考えを固《かた》く守り、変えないこと。

西川清史（にしかわ・きよし）

二〇一八年、文藝春秋を退職後、文筆業に。
著書に、『うんちの行方』（新潮新書　神舘和典氏との共著）、『文豪と印影』『世界金玉考』（ともに左右社）、『にゃんこ四字熟語辞典』『にゃんこ四字熟語辞典２』（ともに飛鳥新社）、『泥酔文士』（講談社）がある。

著者検印

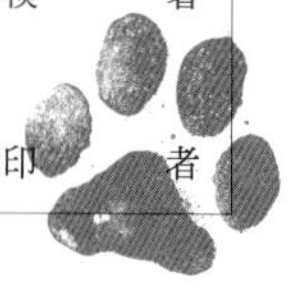

わんこ四字熟語辞典

２０２３年12月10日　第１刷発行

著者　西川清史
発行者　花田紀凱
発行所　株式会社飛鳥新社
〒１０１-０００３
東京都千代田区一ツ橋２-４-３　光文恒産ビル
電話　０３-３２６３-７７７０（営業）
　　　０３-３２６３-５７２６（編集）
https://www.asukashinsha.co.jp

写真　Getty Images　Adobe stock
ブックデザイン　吉田考宏
印刷・製本　中央精版印刷株式会社

ISBN978-4-86410-983-3

編集担当　川島龍太